做自己喜欢的事，永远没有太晚的开始

〔美〕摩西奶奶 — 著

张小默 — 编译

U0781689

台海出版社

图书在版编目（CIP）数据

做自己喜欢的事，永远没有太晚的开始 /（美）摩西
奶奶著；张小默编译 . -- 北京：台海出版社，2020.8（2022.9重印）
ISBN 978-7-5168-2599-0

Ⅰ.①做… Ⅱ.①摩… ②张… Ⅲ.①人生哲学—通
俗读物 Ⅳ.① B821-49

中国版本图书馆CIP数据核字（2020）第080512号

做自己喜欢的事，永远没有太晚的开始

著　　者：〔美〕摩西奶奶		编　　译：张小默	

出 版 人：蔡　旭　　　　　　　　封面设计：知书达礼·姜丽莎
责任编辑：俞滟荣

出版发行：台海出版社
地　　址：北京市东城区景山东街 20 号　邮政编码：100009
电　　话：010-64041652（发行，邮购）
传　　真：010-84045799（总编室）
网　　址：www.taimeng.org.cn/thcbs/default.htm
E－mail：thcbs@126.com

经　　销：全国各地新华书店
印　　刷：大厂回族自治县德诚印务有限公司
本书如有破损、缺页、装订错误，请与本社联系调换

开　　本：880 毫米 × 1230 毫米　　1/32
字　　数：158 千字　　　　　　　印　　张：8
版　　次：2020 年 8 月第 1 版　　印　　次：2022 年 9 月第 3 次印刷
书　　号：ISBN 978-7-5168-2599-0

定　　价：49.80 元

前言

　　在美国艺术史上有一位传奇人物，她是大器晚成、自学成才的代表，虽未接受过正规的艺术教育，却因对美的热爱而爆发出惊人的创作力；她活了101岁，年过半百才开始画画，一直画了40多年，创作了1600幅作品。她的名字是安娜·玛丽·罗伯森·摩西（Anna Mary Robertson Moses），但大家都尊称她为"摩西奶奶"。

　　摩西奶奶的画作充满了朴实、温善与乐观，流淌着质朴的人生智慧。她的作品大多描绘农场的景色以及她所看到的乡村生活，全景的乡村生活风景画是她最喜爱的绘画题材。虽然受过的教育着实有限，但摩西奶奶的画却像极了迷人的诗，好像是结合天籁的清纯之音，从那百岁的人生中涌出，让人感到温暖、自在和惬意。

　　事实上，相比于摩西奶奶的画作，她的事迹更加值得人们去品味。全世界几乎都知道美国有一位老妇人，虽然年纪很大了，依然一心一意坚持画画。还有什么比这样的事情更激励人心的呢？早在她微笑着拿起画笔的那一刻，人们就已经从她的身上获得了一个珍贵的启示——梦想没有年龄的限制，现在开始，就是最好的时候。

在100岁时，摩西奶奶曾说："我100岁了，但是我感觉我是个新娘。"她还经常鼓励人们专注去做一件事。她说，当你不计功利地全身心投入一件事，投入时的愉悦与成就感就是最大的收获与褒奖。在被问及活了100岁的感受时，她开心地说："回首过往，我的生命俨然就是一天的工作，我因为它的圆满结束而心满意足。我快乐而又满足。我认为最好的生活就是充分利用生活所提供的一切。"她还强调："做你喜欢做的事，上帝会高兴地帮你打开成功之门，哪怕你现在已经80岁了。"

从摩西奶奶的人生经历中，我们不难发现，她身上令人敬佩的闪光点是那么多。她天性善良、淳朴、随和；她乐观、坚韧，不畏苦难；她坚持所爱，内心沉静，不为外界所扰；她淡定从容，相信梦想，怀抱生活热情……

无论是摩西奶奶传奇般的人生经历，还是她那清新淳朴的画作，或是她那乐观的人生态度，都将给处于迷茫、浮躁、孤独、困惑和不堪重负甚至处于绝望中的现代年轻人以激励和启示，让大家重新发现自我、认识自我，坚定追求的梦想，收获内心的宁静，淡定从容而充实地过好每一天。

目　录

序章
摩西奶奶的
"逆袭"人生

早年的摩西奶奶 / 002

绘画生涯的开始 / 004

平淡人生的转折点 / 006

家喻户晓的大人物 / 008

第一章
人生没有太晚的
开始，一切都还
来得及

人生，何时开始都不会太晚 / 012

一张改变人生轨迹的明信片 / 014

余生很长，你想做的

　　事都还能做成 / 016

**第二章
如果喜欢一件
事，那就慢慢
去做吧**

人生最大的幸福，
　　就是做自己喜欢的事 / 020
你最喜欢做的那件事，
　　才是你的天赋所在 / 022
做你喜欢的事，
　　上帝会帮你打开成功之门 / 024

**第三章
梦想从未远去，
你失去的只是勇
气**

想好便做，梦想其实并不遥远 / 028
梦想从未远去，你失去的只是勇气 / 030
梦想不在大，
　　小梦想也可以绽放光芒 / 032

第四章
时间是世界上最公平的，也是最不公平的

时间，是最好的唯一的
　生命刻度 / 036
虽说人生不怕晚，
　但也不可虚度光阴 / 038
在有限的时间里创造
　无限可能 / 040

第五章
人生的每段时光，都不应该被辜负

每个阶段都是最好的时光 / 044
别因时光匆匆去违背自己的内心 / 046
将1%的生活过出100%的精彩 / 048

第六章
最好的总会在
不经意间出现

就在不经意间，
　美好自然出现 / 052
有些路啊，
　走下去才知有多美 / 054
生命中那些
　不起眼的美好瞬间 / 056

第七章
懂得与缺憾和
解，接纳真实的
自己

抱怨生命的缺憾，
　得到的只能是哀怨 / 060
尽力接纳生活所赋予的一切 / 062
生活不易，但你能让它变得美好 / 064

**第八章
岁月静好，无
须烦恼**

你不喜欢的每一天都不属于你 / 068

欲求越少，活着也就越简单、

　　越快乐 / 070

热爱这个世界，

　　就不会感到疲惫 / 072

**第九章
摩西奶奶作品
展示 / 075**

做自己喜欢的事，永远没有太晚的开始

摩西奶奶的『逆袭』人生

在美国，有一位家喻户晓的老太太，人们都尊称她为"摩西奶奶"。她一生中的大部分时光都生活在平凡与无奈之中。直到晚年，她终于在绘画中发现了全新的世界和自己。她那清新淳朴、充满自然气息的画作为她带来了无数赞誉，更让她的人生在耄耋之年彻底"逆袭"。

早年的
摩西奶奶

1860年9月7日，一个女婴在美国纽约州格林威治镇一个普通农民的家里呱呱坠地，父母为她取名为安娜·玛丽·罗伯森。她的父亲叫罗素·金·罗伯森，是一个农民，他经营着一个农场和一个亚麻厂。尽管如此，一家人的生活算不上富裕，这是因为家里的孩子实在是太多了。

安娜共有9个兄弟姐妹，她在家中排行老三，这意味着她有很多弟弟和妹妹需要照顾。在12岁那年，她离开家来到一户富裕人家做女佣。在接下来的15年里，她基本上与家务为伴。所幸的是，在做家务之余，她跟雇主家的孩子一起读了几年书。

大好的青春就那么流逝而去，转眼间安娜就成了大姑娘。27岁那年，她终于迎来了自己终身的依靠，一个叫托马斯·萨蒙·摩西的小伙子，他当时是一个农场的雇工。依据习俗，安娜的全名由此变成了安娜·玛丽·罗伯森·摩西。

　　在结婚后不久，安娜和托马斯准备开启全新的生活，于是他们登上了开往北卡罗来纳州的火车。不过，两个人并未到达目的地，而是在中途下车。他们在弗吉尼亚州的斯汤顿租了一个农场，开始了新生活。新生活是恬静的，却也布满荆棘。在接下来的日子里，他们孕育了10个小生命，可不幸的是有5个孩子死于襁褓之中。

　　安娜和托马斯迫于生计在一家农场做佃户。两个人省吃俭用，终于凭借攒下来的钱买了一个属于自己的农场。直到1905年，托马斯说服自己的妻子卖掉了农场，回到离安娜出生地不远的纽约鹰桥镇买了一个农场，并在那里开始了新的生活。四年之后，安娜的父母相继离世。失去父母的安娜变得更加坚强，更加珍惜身边的一切。

◀ 莫里斯·赫什菲尔德（Morris Hirshfield），《女孩与鸽子》，1942年，帆布油画（76.1cm×101.7cm），纽约现代艺术博物馆，西德妮·詹尼斯和哈丽特·詹尼斯藏品。Photograph copyright

绘画生涯的开始

　　作为一个勤劳的家庭主妇，安娜的大半生都忙碌于"柴米油盐酱醋茶"的日常琐事之中。不过在闲暇之余，安娜偶尔也会在孩子们面前一展才华。那是在1918年的一天，安娜一时兴起，在客厅壁炉的遮板上留下了自己的第一幅画作。没想到，孩子们全被这幅画吸引住了，这让安娜兴趣大增，之后她偶尔会拿起画笔画一些风景画。

　　人生总是变化无常，1927年，不幸再次降临到安娜身上——丈夫托马斯因心脏病猝然离世。从此之后，安娜形单影只。不过，她并没有因此而消沉，而是更加珍惜身边的人和生命的每一天。1932年，安娜去本宁顿照顾生结核病的女儿，在那里她接触到了刺绣，并从此喜欢上了这种与绘画有相似之处的创作形式。

　　然而没过多久，安娜就不得不放弃刺绣，因为她患上了严重的关节炎。年逾七十的安娜饱受病痛的折磨，严重时甚至连针线都拿不稳。如果是其他人，这时候一定会感到绝望，甚至可能会自暴自弃，静待岁月流逝。然而，安娜并没有这样做，她听从了妹妹的建议，将针线换成了画笔，正式开始了自己的绘画生涯。

在回到鹰桥镇的农场，与小儿子一家共同生活之后，安娜经常会拿着画笔东走走，西走走，她在头脑里勾画着一切，她想将生活中的一切都用画笔画出来。不仅如此，她也想让更多的人看到自己的作品，获得大家的认可。于是，这位老奶奶便经常在当地参加一些博览会和义卖活动，不过结果却并不尽如人意。摩西奶奶在回忆起这段经历时曾说，她的果酱曾在乡村博览会上获过奖，但画作却没有。

《风暴》的细节图

平淡人生
的转折点

　　如果有件事能够让你永不言弃，那它一定注入了你的全部热情。对生活的热爱及对美的追求，成为摩西奶奶的强大动力。因为热爱，因为充满期待，所以无论如何，她都会坚持下去，矢志不渝。摩西奶奶的坚持和努力并没有白费，她的付出终究要带来回报。

　　1938年的复活节，一位名叫路易斯·卡尔多的收藏家成为摩西奶奶的"伯乐"。当时，他路过一家杂货店，猛地被杂货店橱窗里的画作吸引住了。这些画作让他爱不释手，于是他便将这些画全都买了下来。当然了，他还问清楚了这些画作出自何人之手。

　　卡尔多见到摩西奶奶的时候，她已经78岁了。卡尔多坚信摩西奶奶的画作能够大放异彩。随后，他将摩西奶奶的画作全部收入囊中，并将它们带回了纽约。接下来，他开始为推广这些画作四处奔走，将它们介绍给各大博物馆和画廊。不幸的是，这些机构对摩西奶奶的画作并不感兴趣，因为他们觉得这些画作带不来什么收益。

卡尔多的努力并没有白费。1939年，现代艺术博物馆同意为摩西奶奶举办一次画展，名为"一位不知名的当代美国画家"。这次画展的影响力几乎为零，因为它并未对公众开放。不过，卡尔多却因此增加了不少信心。

又过了一年，摩西奶奶80岁了。卡尔多成功说服了非常有名的圣埃蒂安画廊的负责人，一位艺术商人奥托·卡里尔先生。奥托·卡里尔决定在当年，也就是1940年的10月9日到31日，为摩西奶奶在画廊举办一场展览，名为"一个农妇的画作"。这画展成为摩西奶奶人生的一个转折点，它让摩西奶奶开始崭露头角。一些媒体突然发现这位80岁的老人非比寻常，纷纷投去关注的目光。

《胡希克河的冬天》的细节图

家喻户晓
的大人物

人生没有太晚的开始，一旦开始便一发不可收拾。摩西奶奶开始进入公众的视野，并通过一次演讲成为美国家喻户晓的人物。某知名百货公司组织了一场感恩节活动，在活动中重点介绍了摩西奶奶的画作。摩西奶奶在活动上做了首次公开演讲，结果得到了媒体和公众的一致好评。

更幸运的是，摩西奶奶的事迹也触动了政府部门。美国政府有意将摩西奶奶作为典型进行宣传，以彰显美国的文化。于是，摩西奶奶开始频繁出现在美国各大媒体的版面上。与此同时，摩西奶奶的画作开始受到人们的追捧，她的一些画作频频获奖。诸如IBM创始人托马斯·约翰·沃森、美国女演员凯瑟琳·康奈尔、美国著名男音乐家科尔·波特等名人纷纷开始收藏摩西奶奶的画作。

1945年11月13日到18日，纽约麦迪逊广场花园举办了名为"和平时期的女人生活"的妇女国际展览会，摩西奶奶成为这次展览会重点介绍的艺术家。1946年，摩西奶奶有了自己的出版作品——《摩西奶奶：美国原始主义者》，随之进入市场的还有摩西奶奶的圣诞贺卡，均大受欢迎。1949年，摩西奶奶因其"杰出的艺术成就"被授予"女性全国新闻俱乐部奖"，并受到杜鲁门总统接见。另外，纽约州特洛伊的拉塞尔·塞奇学院授予摩西奶奶名誉博士学位。1950年，关于摩西奶奶的彩色纪录片入围奥斯卡奖。同时，摩西奶奶的作品也开始走出美国，在欧洲进行展出。1951年，摩西奶奶接受了宾夕法尼亚州费城摩尔美术学院授予的名誉博士学位。1953年，摩西奶奶在《纽约先驱论坛报》论坛作为主讲嘉宾，并于10月20日当选享誉世界的杂志——《时代》杂志的封面人物……荣誉接踵而至，甚至让摩西奶奶有些措手不及。但可贵的是，在成名之后，摩西奶奶的生活并没有因此而改变，她依旧过着平静的生活。

　　然而，凡人终究敌不过岁月，生命总有尽头。在经受了一个世纪的风霜洗礼之后，1961年12月13日，摩西奶奶的生命走到了终点，享年101岁。

做自己喜欢的事，永远没有太晚的开始

第一章 人生没有太晚的开始，一切都还来得及

有人总是说"已经晚了"，其实此刻才是最好的时光。悠长的岁月是由无数个"今天"堆砌而成。对一个真正有所追求的人来说，生命的每段时光都是年轻的、及时的。"害怕来不及"不能作为无所作为的借口。

人生，何时开始
都不会太晚

在生活中，我们经常会发现一些人年纪轻轻就"服老"了，总是抱怨时光飞逝，张口闭口"悔之晚矣"。毫无疑问，这些人的生活里必定充满了焦虑，他们总是在怀疑自己的选择，怀疑自己的人生。在他们看来，自己的人生早已陷入不可预知的深渊。他们不敢再说出自己真正想要什么，甚至不敢去想象。他们总是觉得一切都太晚了，一切都来不及去实现了。

可是，摩西奶奶的成功给了这些人响亮的一"巴掌"。

摩西奶奶从来不相信命运的安排，不相信所谓的命中注定，她甚至厌弃一切悲观的、消沉的言语和论调。她总是告诫这些人，不要着急，也无须灰心，最好的生活才刚刚露头儿，美好的时光即将开启。

这时候，有的人就会反问道："我不信你说的这些，难道你从来没后悔过到80岁才开始你精彩的绘画人生吗？"

摩西奶奶理解这种困惑，因为她知道，理想与现实从来都不可能完全重合，人生总是存在这样或那样的无可奈何。但她认为，这些并不能成为我们抱怨生活的理由。

她说："我在很小的时候就热爱画画，可那时候却没有机会去画。等到长大了，我还是没能找到这样的机会。之后，我在忙忙碌碌中度过了一年又一年，转眼就到了老年了。这个时候，我最终尝试着开始画画。

"没错，我都快80岁了才真正地圆了画画的梦。不过，我并不觉得前面的人生被虚度了，我觉得我一生的意义在于始终相信最好的生活还在以后。我一直都想画画，但直到76岁才有时间去画。要知道，很多人遇到这种情况会因为种种担忧而放弃，而我就这样简单地开始了。开始一件事，有时候并不需要考虑太多。你敢于按下开始键，就能够让你的生命拥抱未来。"

摩西奶奶给我们留下的最具启示性的话便是"人生永远没有太晚的开始"，她也用自己的成功证明了这句话。而事实上，历史上大器晚成的人物不在少数，西班牙小说家、剧作家塞万提斯年轻时参加过多次战斗，左手曾经在战斗中受过伤，他还曾多次入狱，一生饱受挫折。然而，他却能在53岁的时候开始写作，并写出了伟大的作品《堂·吉诃德》，本人也被誉为"西班牙文学世界最伟大的作家"。

人生，真的是任何时候开始都不会太晚，只看你敢不敢现在就开始，只看你敢不敢"说走就走"。

一张改变人生轨迹的明信片

摩西奶奶去世40年后，也就是在2001年，在华盛顿国立女性艺术博物馆举办了一场名为"20世纪的摩西奶奶"的展览。在这次展览上，有关摩西奶奶的私人收藏品也被展示出来。其中，有一张明信片格外引人注目。这张明信片是摩西奶奶给一个日本青年的回信，上面的收信人名为"春水上行"。

这个叫"春水上行"的青年从小就热衷于文学，很早就想从事写作。然而，由于种种原因，他学了医学。从医学院毕业之后，他仍没能如愿以偿地从事写作，而是成为一名外科医生。在听说摩西奶奶的事迹后，他立刻写信向摩西奶奶诉说了自己的苦恼，并希望得到她的指点。他写道："由于家人和生存的压力，选择了一份自己不喜欢却稳定的工作，但又对自己喜欢的事难以割舍。"

读完这个青年的来信，摩西奶奶自然而然地联想起自己的人生经历，一时间感慨万千。她决定马上给这个年轻人回信。

她随手拿起一张空白的明信片，在上面画了一座谷仓，寓意"丰收"，并写上一段话："年轻人，做你喜欢的事吧，不要犹豫，这样上帝才会乐意帮你打开成功之门，哪怕现在你已经80岁了。"

收到明信片的春水上行激动无比，好像他的梦想得到了所有人的肯定与支持。一切的迷茫和无助在一瞬间烟消云散，他毅然辞去医生的职务，开始专心写作，最终成为日本文学史上一颗闪耀的新星。春水上行还有另一个名字，那就是渡边淳一。

摩西奶奶简简单单的一句话，一张朴实无华的明信片，改变了一个年轻人的人生轨迹，这听起来很神奇，却并不意外。人生的轨迹始终在变化，关键在于你想让它如何变。在人生的每一个节点，你都可以开始一段新的旅程，收获一份新的成功。

《结霜的日子》的细节图

余生很长，
你想做的事
都还能做成

　　有的人也许会觉得"余生很长"是个伪命题，因为"余生"必然长不过"一生"。"余生"确实是剩余的人生，可它却存在无限可能，甚至比你已过去的人生丰富百倍，精彩千倍。人生容纳的是经历，有些人一年的经历会远远超过其他人五年的经历。

　　年轻人有年轻人的时间优势，老年人有老年人的阅历优势。实际上，每个年龄段的人都具有其他年龄段的人无法比拟的优势。如果能充分利用自身优势，那么在每一件事上，大家都基本在一条起跑线上。

　　人的潜能是无限的，人的命运不可随意设限，所以不到最后一刻，千万不要说不行，千万不要说晚了。摩西奶奶说："生活是我们自己创造的，一直坚持地走下去，终会结出硕果。"时光漫长，你想要做的那些事情，最终都能够做成，你终将成长为自己想要成为的那个模样，但前提是要坚持住。

摩西奶奶的画一开始并没有人喜欢，在一堆乡下的农妇看来，与其花钱去买一块被上了色的布头，还不如花钱买点儿面包。可是，这又怎么样呢？总不能因为别人不认可就放弃自己的梦想吧。摩西奶奶一如既往地走在自己的希望之路上，她用心作画，把自己对生活的理解和热爱融于笔尖，把心中的景色幻化成一抹绿、一抹白、一抹黄、一抹红。终于，在一个偶然的机会，这颗明珠得以大放光彩。

摩西奶奶说："人生并没有容易的事情，当年华老去的时候，当我们再次回顾以往的时候，希望我们没有因半途而废而遗憾，希望我们能够因为一直以来的坚持而坦然。"

事实上，坚持和努力从来都不是虚无的东西，它们会实实在在地为你带来收获。当你喜欢做一件事情时，请你一定坚持下去，哪怕这样的坚持一时难以得到响应。当你的心里带着坚定的意念时，你就已经看到了成功，看到了未来。

《夜晚的春天》的细节图

做自己喜欢的事，永远没有太晚的开始

第二章

如果喜欢一件事，那就慢慢去做吧

只要找到自己喜欢做的事，任何时候行动都不算晚。喜欢做一件事就开始去做吧，即便此时此刻仅仅把它当成业余爱好。你只需坚持去做，一点一点积累起来，或许有一天它会成为你的专长，成为你赖以生存的本事。

人生最大的幸福，就是做自己喜欢的事

这是个浮躁的世界，人们都在追求功名利禄。然而，当你问他们这样做究竟快不快乐，这样生活究竟幸不幸福时，他们便迷茫了。很多人工作稳定、有房有车，一切看起来都圆满无比。可在独处时，他们时常感到怅然若失，总觉得缺了点儿什么……

与此同时，另外一些人，他们可以没有全世界，却唯独不能没有自己的喜好。当他沉浸在自己喜欢的工作或是爱好里时，时间对他来说都静止了。他们在喜欢的事上花费了大量精力和时间，不计功利，甚至不求结果。这样的喜欢是如此纯粹，在他们的脸上，你总能看到愉悦的神情、满足的幸福感。

摩西奶奶的前半生就像是前者，而后半生就像是后者。

在以一个高龄长者的身份看待这个世界时，她很感慨。她觉得这个世界的人想要做的事太多了。确实，人们漫长的一生中充满了许许多多美好的心愿等待着他们去实现。当她还是一

个小女孩的时候，在一个阳光明媚的日子，她躺在草垛上，静静地望着蔚蓝的天空，感受着柔和的微风从脸庞扫过。顿时，一种复杂而难以言表的情绪油然而生。

或许，在许多的生命里，都曾有过这样一个看似微不足道的瞬间，只是人们可能会很快忘记。摩西奶奶却一直将它记在心底：那个时候，周围寂静无声，远处朦朦胧胧中浮现着参差不齐的房舍和隐约可见的飞鸟……

数十年后，她拿起画笔画出一幅幅心爱的画作之后，深藏在她遥远记忆里的味道再次涌现。她真的很喜欢那种感觉，那使她很放松，也很愉悦。画画是摩西奶奶最喜欢做的事，当她拿起画笔慢慢享受作画的乐趣时，她就像是回到了小时候那种无忧无虑的岁月里。

人生最大的幸福，就是做自己喜欢的事。当你每天都做自己喜欢的事情时，你会发现，自己是多么的快乐，即使劳累也感到充实，感到满足。

你最喜欢做的那件事，才是你的天赋所在

　　不论是在生活还是在工作中，我们经常会陷入一种苦恼，抱怨自己不是做某件事的料。可能我们需要这样来想，其实并不是我们不擅长做这件事，而是我们没有让自己完全投入进去，并不是真的喜欢去做这件事。

　　比如，在我们真正爱一个人时，对方的一举一动甚至极其细微的事情都逃不过我们的眼睛。爱一件事同样如此。当我们真正喜欢做一件事时，我们就会全身心地去关注这件事，不放过一个细微之处。摩西奶奶之所以能画出一幅幅触动人心的画作，是因为她热爱生活，热爱周围的事物，喜欢用画勾勒出这一切。

　　摩西奶奶被公众熟知以后，收到了许多来自世界各地的信件。很多人在来信中都透露出一丝迷茫，他们不知道该不该像摩西奶奶一样，勇敢放弃眼前稳定的生活，去做自己喜欢做的事。

　　摩西奶奶认真思考了这个问题，她首先觉得自己并不勇敢，因为她几乎一生都是在农场里度过的，平时做做刺绣、喂喂鸡鸭。如果不是因为得了关节炎，她大概还是每天拿着绣针，而不是画笔。她也没想过一举成名，她只希望过好每一天。

　　不过，摩西奶奶又意识到，人的一生总是拥有太多的愿望，可时间却少得可怜。人们想要做好每一件事，可最终却发现，每一件事情都没有做好。这样的结果会让人们心里有些莫名的惊慌和悲哀。或许，并不是我们无法好好地实现我们的心愿，而是因为我们没有那么多精力将所有愿望都变成现实。

　　摩西奶奶认为，一个人之所以恐惧、担忧，是因为他不满足，在自己的人生清单上罗列了太多要做之事。静下心来，回过头来，认真想一想，到底哪些事对你来说是最重要的，是真正想要去做的。想好之后，就去好好做自己喜欢做的事，并且把它做好。这样，你的人生才有一条清晰的路线，你才能全身心地沿着这条路线前进。

　　当然了，你还要去相信，你最喜欢做的那件事，才是你真正的天赋所在。因为喜欢所以热爱，因为热爱所以用心和坚持。终有一天，这种用心和坚持会换来你的一技之长。

做你喜欢的事，上帝会帮你打开成功之门

很多人常常对那些成功人士的经历感到好奇，也总是探寻他们成功的奥秘。其实，他们可能并没有什么成功秘术，有的不过是满腔热情。他们一直在做自己喜欢的事，所以能淡化磨难，一路向前。

在摩西奶奶声名鹊起之后，很多人都来向她请教成功的秘诀。她的回答朴实而有趣："做什么并不重要，重要的是在做的时候你是不是感到愉悦和幸福。即便我的画一幅也卖不出去，没人观赏，我也会继续画。在跟孙儿们玩耍之后，我会画下他们顽皮的模样；在大雨过后，我会画下地平线上朦胧的彩云……对我来说，能够始终保持快乐，去做自己喜欢的事情，就是莫大的幸福。"

摩西奶奶在将近80岁时拿起画笔，后来还举办了画展，成为绘画界的一颗新星。在人们看来，这就是取得了所谓的"成功"。但在她自己看来，守着家人，安静恬适地作画，才是她

《12月》的细节图

生活真正的内核。事实上，很多成功都是这样得来的。那些成功人士在做一件事时，往往没有刻意的目的，只是享受那份乐趣，然后在不知不觉中收获了一切。

　　所以，喜欢一件事，你就慢慢去做吧。如果你找到了自己喜欢的事情，那么恭喜你，因为你已经领先一大半的人了，你唯一要做的就是义无反顾地做下去。即使此时只把它当成业余爱好，只要坚持去做，点滴积累，终有一天它会成为你的看家本领。

　　当然了，这里要提醒大家，凡事赶早不赶晚。"种一棵树最好的时间是十年前，其次是现在。"尽管余生很长，一切都还来得及，我们还是要尽早开始行动起来，早行动早收获嘛！

做自己喜欢的事，永远没有太晚的开始

第三章

梦想从未远去，你失去的只是勇气

所谓通往梦想的人生之路，不过就是在柴米油盐的平凡琐事里，自己独守的一份执着。失去梦想的人认为自己早已和梦想擦肩而过，其实梦想从未离你远去。世界很小，请携着你的梦想一起奔跑；世界很大，请带着你的坚持一起奋斗。

想好便做，梦想其实并不遥远

　　"梦想不是用来自我标榜的，也不是用来空许的，而是用来实现的。"摩西奶奶如是说。在她看来，一个人既然选定了一条路，就不要徘徊，不要犹豫，要照着这条路坚持下去；事情一旦犹豫，势必会影响结果。

　　摩西奶奶70多岁时放弃了自己擅长的事，而去重新接触一门新的技艺。其实，她当时也有些犹豫，但既然做了选择，决定画下去，那就要义无反顾。当时摩西奶奶因为关节炎不能做刺绣了。有一天，她抱着暖炉在家中静坐，忽然她想到了昔日里的那些梦想。她觉得既然无法在现实中与自己的梦想拥抱，那为什么不把它们画下来呢？

　　摩西奶奶只有一瞬间的犹豫，便真的拿起画笔来。开始时，她还不知道如何在画板上画下第一笔，但她坚信只要不断地画，自由地画，将一切与梦想有关的东西画出来就好。她努力地画，坚持不懈地画，画了许许多多看似平常的景物，比如几棵柔弱的小草、雨后的明朗夜空、多变的乌云以及孩子们可爱的笑容。

在摩西奶奶的画里，她曾梦想拥有过的裙子、书房，还有动物，都纷纷出现，就好像它们真的曾经出现在她的生命中，仿佛触手可及……她获得了难以言表的喜悦。回顾这段岁月时，她很庆幸自己有一双作画的双手，但更感谢自己可以在变幻沧桑的世界里，始终坚持画画，坚持梦想。

其实，很多人并不是没有梦想，只是在做一件事之前，出于"三思而后行"，会罗列出很多条条框框，考虑再三。这样的谨慎和犹豫，往往会让他们浪费大量的时间和精力，最终他们既有可能错失机会，又有可能被困难吓倒。

空有梦想不行动，你永远只会停在原地。只有行动起来，才能创造灿烂的明天。你想要的生活，有时候触手可及，关键在于你愿不愿意抬手去触。

《窗外的胡希克谷》的
细节图

梦想从未远去，你失去的只是勇气

有些人曾经怀揣梦想，但如今却说没有梦想，或者说自己早已放弃。现实的生活让他们觉得梦想早已远去，难以重拾。他们总是抱怨生活的不公，觉得自己就像是窗内乱撞的小虫子，挣扎着，摆动着，只是望着那片自己无法企及的明亮的世界。

"我们年轻时的梦想早就随时间而去，现在的生活简直糟糕透了，我过得就像一条狗。"有些人会在信中如此向摩西奶奶倾吐苦水。

对于这样不负责任的抱怨，摩西奶奶是有些厌烦的。她觉得这些成年人还没搞清楚自己身上发生了什么。那些他们向往的东西是他们自己一点一点放弃的。在他们有机会与梦想接近的时候，他们被其他的利益所诱惑，却没有意识到梦想的可贵。

其实，这样的情形会出现在大多数人的身上。每个人在踏入社会之后都会发现，自己想要的东西远远超乎想象。这时候，他们很可能就有了别的想法："梦想终究是虚无缥缈的东西，还是先争取更加实际的东西吧。"

　　然而，生命是有意义的，因梦想而支撑的生命更加值得我们热爱。画画事实上一直是摩西奶奶的一个梦想，她从开始画画时起，便从未想过放弃。她始终觉得生命的意义掌握在自己手中，如果你不为外界的诱惑所动摇，那么任凭岁月变迁，你依然会保持初心。

　　大多数人在搞清楚这个道理时，都觉得已经太晚了。但摩西奶奶却恰恰觉得，任何时候都不晚，梦想依旧完整地守候在你生命里，等待你去重拾。就如同摩西奶奶拿起画笔一样，梦想从未离你远去，你失去的只是找回梦想的勇气。

《伯克希尔的秋天》摩西奶奶80岁或更早创作，1940年或更早，纺织物刺绣（22.9cm×55.2cm）

梦想不在大，小梦想也可以绽放光芒

　　毫无疑问，梦想有大小之分，每个人都想实现自己伟大的梦想。有些人习惯于为自己套上华丽的梦想外衣，四处炫耀，可看起来就像是孩子偷穿了大人的衣服。远大的梦想像是一枚光鲜的标签，却也容易让人沉沦。一旦不堪梦想的重负，人们便会屈服：放弃吧，那是遥不可及的梦想。既然如此，何不将梦想缩小一些？

　　摩西奶奶的成就确实让世人瞩目，但这并非她最初的梦想。她并没有为自己制订过这么远大的梦想。在年轻的时候，她生活的全部就是照顾好全家的生活，每天在家庭琐事里兜兜转转。至于成为享誉世界的艺术家，这恐怕她连想都没想过。

　　摩西奶奶在晚年时因关节炎被迫放弃刺绣而拿起画笔，在生活与自然中自由地作画。她并不会刻意地去创造什么名画，没想过要出名，更没有想过自己的画作能够在不同的国家进行展览。她想的仅仅是将自己的所见所感，用多彩的画笔记录下来。

　　可就是这样一位老妇人，在80岁的时候竟然开办了自己的画展，引起了全世界的关注和追捧，这简直就是一个奇迹。但事实上，如果我们仔细观察就会发现，虽然那些熠熠生辉的名人成功的方式各异，但基本可以从他们身上总结出一种经验：开始时如蝼蚁般弱小，但怀揣梦想，踏实向前，最终震惊世界，名垂青史。

　　其实，梦想总是带着一些让人不易察觉的东西，像绳子一样牵着人走。就像摩西奶奶一样，怀着一个简简单单的梦想，活得知足而快乐。而上帝最眷顾那些活在细碎时光中的人，他们虽然看似平凡，却散发着异样的味道，这味道虽淡，却不容忽略。

　　梦想真的不在大，再小的梦想也可以成为星星之火，点燃璀璨的夜空，带给你灿烂的光芒。将梦想缩小一些，减轻身上的重负，你可能会突然发现，原来世界如此美妙，哪怕是一件接近自己的梦想的小事，都会让你心花怒放。

《熬糖节》的细节图

做自己喜欢的事，永远没有太晚的开始

第四章 时间是世界上最公平的，也是最不公平的

世界上最公平和最不公平的，全是时间。时间是最好的证明，生命在时间的流淌中悠远、漫长，每个人的人生之路都是与众不同的。在时间的刻度下，我们都收获了独属于我们自己的那份生命体验。

时间，是最好的唯一的生命刻度

时间是一个伟大的作家，它会给每个人写出不一样的结局。时间，对每个人来说，都是公平的。从出生那刻起，每个人身上所流淌的时间都是一样的速度。时间最不偏私，它给任何人都是24小时。然而，时间也是最不公平的。在人们还没意识到发生了什么时，它已经用岁月的画笔给人们添了白发和皱纹——时间是留不住的。

摩西奶奶的一生做了许许多多的事情，这些事情相当琐碎。在她刚刚开始画画的时候，有些人会说："为什么不早点儿画画，白白浪费了很多时间？"摩西奶奶却解释说，在她生命的每一段时光里，她都做了自己认为理所当然的事，那给她带去了快乐。

在作画的时候，摩西奶奶会想起自己走过的悠长岁月。在她的一生中，大部分时光从未走出过农场，所以她对外面的世界所知不多。那些灿烂的人生，对她来说，是那么的遥远和陌生。她当然会感到好奇，却从来没想过要得到那样的人生。

生命是一条单行道，不可逆转，走一步就离结束近一步。摩西奶奶并不怕生命终结，她只是有些担心，在生命走到尽头的那一刻还有诸多的遗憾。人生太过匆匆，年轻时不觉时光飞逝，但一旦到了摩西奶奶的年纪，再去回首，便立刻觉得人这一辈子真的像白驹过隙。

摩西奶奶二十几岁时，曾经畅想过未来，那时她总觉得未来遥不可及。在年轻的她看来，时间还是树梢上的一抹绿芽，但转眼之间，她就已经白发苍苍，站在了人生的尾巴上。回首一生的经历，她满心都是感慨。

有一天，摩西奶奶正在梳头，她天真无邪的小曾孙女蹲下身去，捡起了她掉落的发丝，好奇地问："为什么您的头发都是银白色的？"摩西奶奶看着面前这个满头金发的小小的人儿，想着几十年前，自己也是这么个脸庞稚嫩、奶声奶气的小女孩，对于整个世界怀着全然不知的懵懂。

岁月带走了摩西奶奶明亮的双眼，染白了她的发丝，压弯了她的脊背，却留给她更加丰富的内容，让她拥有了视若珍宝的儿孙，给了她一份绘画的事业，让她可以在生命的尾巴上描绘出自己这一生简单而又不一样的风景。

时间在不断流淌，但终会在每个人身上留下这样或那样的痕迹。时间是最好的证明，生命在时间长河里留下了不同的印记。每个人的人生之路都与众不同，在时间的刻度下，人人都能收获独属于自己的生命体验。

虽说人生不怕晚，但也不可虚度光阴

　　任何人的心里都非常清楚，我们在这个世界上只能活一次，不能回过头来再活一遍。摩西奶奶说自己年轻的时候读过一本书，书中有一句话始终印象深刻："如果你能够把生命里的每一天都当作最后一天来过，那你就会发现，自己的生命比你想象的精彩百倍。"

　　生活中，很多人常常抱怨时间过得太快，自己早已错过了人生中的最佳时机，有很多事没有完成。他们遗憾悔恨过去的无所成就，感叹为时已晚。对于这些人，摩西奶奶给他们的回复便是"人生永远不要觉得为时已晚"。

　　不过，也存在这样一些人，他们不忧虑未来，没有紧迫感、危机感，所以不懂得珍惜现在，把握今天。对于这些人，我们给他们的建议便是"人生永远不要觉得为时尚早"。在这个世界上，我们只活一次，所以应该爱惜光阴，必须过真实的生活，过有价值的生活。平庸的人关心怎样耗费时间，有才能的人竭力利用时间。

人生匆匆而过，如白驹过隙。幼时还想象着自己身后有一双可以飞向远方的翅膀，可没有几年时光的打磨，我们就已经被生活和外界扑面而来的压力击垮，在毫无防备的情况下陷入生存的洪流，苦苦挣扎。为了摆脱困境，获得新生，我们所能做的就是找到自己喜欢的一件事，来与岁月抗衡。

不过话又说回来，不小心错过了"早为"的时机，也并不意味着我们就失去了作为的时机，就像我们错过了宁静的日出，还有宏伟的日落；错过了深邃的星辰，还有皎洁的月光。当我们意识到做某件事的必要性，并愿意付诸行动之时，便是一切开始之时。

《熬糖节》的
细节图

在有限的时间里创造无限可能

在生活中，有时候我们习惯于为自己设限，总觉得时间太短，事情就做不好了。其实，看似因时间太短而做不好的事情，往往尚有努力争取的余地。我们不应该为自己设限，而应该多一分勇气，去尝试，去挑战。

并非每件事都有充足的时间去做，如果因时间短而放弃这些事情，那很可能会让自己变得越来越懒惰，越来越得过且过。越是时间有限，越应该集中精力，越应该全力以赴，越应该将有限的时间完全利用起来，不浪费掉一点儿。

摩西奶奶的绘画生涯开始很晚，这导致她并不确定自己的余生还有多久。她也曾担心自己的来日无多，怕自己还没有圆梦就已与世人告别。可是转念一想，她突然醒悟：与其担心这些，不如抓紧时间，争分夺秒地努力。

在摩西奶奶的灵魂深处，她始终相信，时间是公平的，在有限的时间里努力越多，就会得到越多。在每一个美好的日子

《雪伦多亚河谷，1861年（战争新闻）》细节图

里，她都努力把画作画得更好。她知道，只有尽自己的能力去做好每一件事情，命运才会给予更好的回报。

不仅如此，摩西奶奶还始终相信，人生的每个阶段都能爆发出惊人的力量。她总是告诉自己，不要害怕去尝试。即使在80岁之后，她仍鼓励自己去挑战各种高难度的画作。一位年至耄耋的老人内心都如此强大，更何况是我们呢？

总之，我们不要总是自己吓自己，不要总是担心时间太短会做不好事情，不要在没做之前就给自己一个糟糕的假设。我们需要打破心理界限，充分挖掘自身潜力，积极地尝试、突破，将不可能变为可能。

做自己喜欢的事，永远没有太晚的开始

第五章

人生的每段时光，都不应该被辜负

人生的每段岁月都应该被灿烂包围，每段时光都不应该被辜负。做什么事情并不是最重要的，重要的是做这些事情时，你是否感到愉悦和幸福。日复一日地享受着只属于自己的快乐时光，这样的人生便是完美的。

每个阶段都是最好的时光

　　摩西奶奶出生于农场，那里承载着她二十几年美好的年华。那时候，她像大多数生活在农场里的女孩一样，在农场里做活儿，追赶着不听话的小鸡或是小羊。这时候，岁月静好，忙碌而充实。

　　嫁作人妇之后，摩西奶奶进入了另一个天堂，成了别人的新娘。尚未享受完新婚燕尔，紧接着便是孕育新生命的欣喜。昔日撒娇于母亲怀抱的女孩，如今也当上了"母亲"。对女人来说，这难道不是最美好的时光？

　　到了中年，摩西奶奶眼看着孩子一个个长大，便将他们一个个推到门外。尽管有些不舍，但她知道自己必须那样做，那是为了让孩子们进入一个神奇而美妙的世界。而她完成了育人的使命，已经拥有了更幸福的能力。如今，她可以将更多时间和精力放在爱人身上，相伴漫步于槭树园；也可以用槭树汁熬好糖浆，等孩子们随时回来品尝。幸福的味道，更加浓厚而悠长。

到了80岁的时候，摩西奶奶的额头已爬满皱纹，没有了光滑的皮肤和秀丽的头发。可她却说：80岁，足够经历世间一切，也足够承受岁月蹉跎；80岁，足够让一个女人去享受童年，去追蝶扑蜂，去认识一个足够好的青年，孕育一群可爱的儿女，去做自己喜欢做的一切事情……80岁，多么美好的岁月！

摩西奶奶总是说："人生的每段岁月都应该被灿烂包围，每段时光都不应该被辜负。"可是，或许没有几个人能够像她那般每段时光都被幸福包围。大多数人最好的时光恐怕都躲在记忆里。于是，摩西奶奶又说："有些人总是说晚了，晚了。事实上，现在就是最好的时光。那些真正有所追求的人，他们生命中的每段时光都是美好的。"

著名爱尔兰剧作家萧伯纳曾说："如果仅把年少时光当成是年轻的，那是多么可悲。"而在摩西奶奶看来，年龄的增长意味着可以更好地理解生活，享受生活，懂得生活的乐趣。每个人都应该学着去享受当下的时光。生活的本质在于体验，在于全身心地去感受当下的生活，而每个当下都应该是最好的时光。

别因时光匆匆
去违背自己的内心

　　世人常常劝人不要犹豫，因为时间不等人。在浮躁之中，很多人经常迫于压力做一些自己不喜欢做的事。然而，随着时光渐逝，人们回首以往时，发现那并不是自己想要的生活。

　　摩西奶奶年轻时，也曾在面临选择时感到困惑。她身边的人经常跟她说"这样做不适合你""你要听从我们的安排""这样选择的话，你将来一定会后悔的"……那时候，她心中迷茫极了：到底这样的选择是否可行，到底什么才是对的决定，那些听起来言之凿凿又可信的劝告是否应该听从。在迷茫之中，她也会倾向于听从别人的建议，但很快她就发现，别人的建议再有道理，也不是她自己想要的。

　　在现实生活中，很多人用尽毕生精力所追求的并非自己想要的生活。当时他们受到他人的影响，满眼都是名利，像飞蛾一样扑入火海，却没有想过，自己所做的一切是否出于热爱。当我们做出了那个与内心相违背的选择时，也许会有惊喜，但那也许不是我们内心所需要的，所以我们无法体会最纯粹的开心。

　　阅遍世间一切的摩西奶奶常常鼓励人们，不要介意别人怎么说，一旦找到了内心所追求的事业，就不要轻易放弃。"你并不是我，又怎能了解"，对于别人给出的建议，我们其实应该有自己的主张。所谓通往梦想的人生之路，不过就是在柴米油盐的庸常琐事里，独守一份执着，保留自己的一片天地。

　　摩西奶奶常说，之所以感觉人生的路很复杂，是因为你还没有走上属于自己的那条路。当你找到了自己的路时，会感到生命的喜悦，会获得一种从未获得过的力量和勇气，感受到你发自内心的强大，实现自我蜕变。

　　不仅如此，摩西奶奶还认为，不违本心才是真正地爱自己；如果违背了自己的本心，那便无法快乐。她觉得真正地爱自己，就不会牺牲掉所有时间和精力，去打拼什么辉煌的未来，而是在当下，努力去做自己喜欢做的和有趣的事情，让自己的内心充盈着喜悦，让现在的每一天都以自己喜爱的方式度过。

将1%的生活过出100%的精彩

　　摩西奶奶的生活很简单，简单到无须用太多的语句去叙述；但她的人生又很特别，特别在她将1%的生活过出了100%的精彩。

　　简单回顾摩西奶奶的一生，我们会发现，她的所有精力几乎都放在了最普通的柴米油盐上。可以说，她除了每日辛苦劳作之外，便是陪着丈夫和儿女，伴着余晖为他们做上一顿家常便饭。这样的生活，既简单又美好。如果问她在一生中有没有什么起伏，那或许就是在她绘画之后为大家所熟知。

　　年事已高的摩西奶奶因关节炎放弃了刺绣，转而从事绘画。绘画是她的爱好，也是她打磨时光的一种方式。正是这种爱好，让整个时间的轮盘在摩西奶奶这里慢了下来。时间不再像流沙那样从指间匆匆溜走，而是驻足在摩西奶奶的画前，和着多彩的影像跳起了优雅的舞蹈。

　　在日子最难过的时候，你没听过摩西奶奶对命运的抱怨；

在她最辉煌的时候，你也没听过她对际遇的感慨。她所要做的，除了追求自己的梦想，就是照顾自己的家人。她的脸上乃至她的全身，都散发着一种平和安静的光芒。

摩西奶奶一路历经辛苦，也享受着快乐。对她来说，这生活中的两种滋味，都不可缺少，她一直都在用最坦然的方式去接纳。她用这种态度过出了一种精致，过出了一种无与伦比的幸福。重要的不是别的，正是对生活的态度，是用心过，还是敷衍了事，这才是最为关键的。

《佛蒙特州糖》的细节图

做自己喜欢的事，永远没有太晚的开始

第六章

最好的总会在不经意间出现

当美好的东西到来时，你会自然而然地伸出双手接纳，因为你知道，这是你生命中的财富。当美好的东西慢慢从你身边溜走时，你莫要惊慌，依然要努力地寻找希望，因为更好的即将到来。

就在不经意间，美好自然出现

在生活中，很多人的内心总是藏着一些隐隐的不安，甚至带有一些焦虑。于是，他们每天都在担忧中度过，常常为日落而黯然神伤，就连朋友一个无心的笑话，也有可能触动他们脆弱的神经。他们似乎觉得这个世界上美好的事物都与他们无关，都不可挽留地离他们而去。

摩西奶奶也曾经有这样的困扰，但是后来她发现，原来所有的美好都藏在不经意间。你可能觉得生命枯燥乏味，其实是你没把自己的生活看透。很多人总是渴望自己想象中的美好人生，却总是忽略自己身边的美好。

一次，摩西奶奶正在发呆，她那可爱的小曾孙女一步三晃地走了过来，轻轻抱住了她的腿。摩西奶奶将她轻轻地抱起来，问她："今天你快乐吗？觉得幸福吗？开心吗？"小女孩认真地点了点头。看着她天真的微笑，摩西奶奶的心仿佛都被融化了。

《雪伦多亚河谷，南部分支》细节图

在孩子们眼中，每一天都是美好的，不管是落日的余晖，还是飞翔的小鸟，抑或是家人常开的玩笑，都是那么令人欣喜。可一旦长大了，他们就变了。尤其是那些总是自怨自艾的人，眼中除了不满意，再也看不到别的。一个不开心的人会格外注意那些令人不开心的事，从而在内心深处产生一种想法：这个世界上为什么会有这么多不美好的事。但是，当他们走出阴霾之后，他们眼中的景象就完全不同了。

其实，美好一直都藏在生活之中。在真正探寻到生活的本质之后，你会发现，别人手中的鲜花其实俯拾即是。只是因为你四处张望，从未发现周围这些美丽的花朵。只需低下头，你就会看到美好的生活已经出现。所有的美丽瞬间，就在你当下的生活、那些不经意的细节中，只要你肯发现就能看到。正如人们经常说的，生活中并不缺少美，只是缺少发现美的眼睛。

有些路啊，走下去才知有多美

　　人生的路有千万条，可是每个人只能选择一条。所以，当你面临选择的时候，很多"过来人"便来指手画脚："这条路不适合你""这条路啊，就是一条弯路""别走我的老路啊"……很少有人跟你说，无论你选择哪条路，只要你喜欢，我都支持你。

　　有些路被太多人走过，越加平坦；而另一些路，人迹罕至，但充满未知。很多人或许更愿意随波逐流，走平坦的道路；但也有人想走一走新路，看看不一样的风景。无论如何，最遗憾的是，有些人迫于外力，迫于来自方方面面的压力，而选择了一条自己不喜欢的路，最终却发现适合自己的是另外一条路。

　　这里也要提醒大家，一旦你选定了一条路，另一条路上的风景便与你无关。有些人走着自己的路，却满眼是别人路上的风景，而心里是"羡慕嫉妒恨"。直到有一天，你好奇地问人家手中的鲜花来自哪里，对方用手一指。这时候你才发现，原来自己身后的路上到处都是。或许，你的路走起来特别费力，但请你一定不要放弃。曾经看到过一幅画，画上的内容是一只兔子正在拔一个大大的萝卜，但是萝卜藏在地下，兔子看不到，就只好费尽力气去拔。这幅画是在告诉我们：也许有一天，你会觉得日子过得特别艰难，那可能是因为你这次的收获特别地大。

有些路啊，你不走下去，永远不知道它有多美。摩西奶奶年过古稀才开始绘画，她因关节炎而被迫放弃自己所擅长的刺绣，转而接触一门新的技艺，着实有些困难。开始时，摩西奶奶甚至觉得自己一团糟，但是她没有轻言放弃，而是坚持画下去。摩西奶奶后来成名与其说是因为她的才华，不如说是因为她日复一日的坚持。

当然了，摩西奶奶的绘画，首先是为了留住美好，取悦自己。倘若不是绘画，而是其他的路，摩西奶奶依旧会心怀光明，勇敢前行。

其实，每个人都是独立的个体，都有不同的人生之路要走，你有你的，我有我的。无论如何，唯愿大家不因曾经的选择而后悔，不艳羡别人路上的风景，只希望大家坚定自己的选择，走好自己的路，发现自己路上的美景，收获独属于自己的那份生命体验。

生命中那些不起眼的美好瞬间

　　如果说生命中有什么能够唤起一个人发自内心的微笑，那一定是某个不起眼的美好瞬间。那些不起眼的平常时刻，往往隐藏着容易被人忽略的生活的美，它们短暂而又永恒。

　　在一个平常的夜晚，摩西奶奶失眠了。她从卧室走到门外，静静地坐在院子里，微闭着眼睛感受着这个寂静的夜晚。农场的夜是安静的，草丛里有些虫子在鸣叫，还有夜风撩响树叶的声音……原来，生活的美就藏在这些轻易不容易被发现的时刻里。

　　摩西奶奶越来越享受生活中每一刻微妙的时光，这些看似不起眼的时刻，给她的人生平添了几抹生气。她在画画时也总喜欢在一些不易被察觉的角落，画上一些她自认为可爱的小小装饰。她就好像一个在与大人捉迷藏的小孩子，将自己喜欢的东西藏了起来，然后她便期待着大人们去发现它们。

　　生命中那些不起眼的美好瞬间，就是命运给我们的一种友好提示。命运告诉我们，在一路前行中，千万不要只顾着赶路，而忽略了身边美丽的风景。这些美好的时刻，不仅能带给你一个欣慰的微笑，还将留在你的心里，成为永恒的美。

摩西奶奶藏在画里面的小秘密，总是被孩子们首先发现。他们会跑到她身旁，用他们的小手指着那些小装饰，叽叽喳喳地说个没完，好像他们是真正的生活哲人，能看透摩西奶奶画作中的一切。他们似乎在用自己的语言告诉大家：生活中的每一处永恒之美都在眼前，你只要稍加注意就能发现。

然而，大人们却总是看不到这些，尽管他们拥有更加丰富的人生经历。他们眼中除了工作和金钱，就是烦恼和争吵。对于生活中那些不起眼的微妙时刻，他们习惯于视而不见。可一旦失去了它们，他们又苦恼起来：为什么我如此不快乐？

学学孩子们吧，再次用好奇的眼睛去审视那些平常的时刻，认认真真地去体验快乐的生活，终究，一切都会如你所愿。

《伯克希尔的秋天》的
细节图

做自己喜欢的事，永远没有太晚的开始

第七章

懂得与缺憾和解，接纳真实的自己

爱自己就一定要认清楚真正的自己，不要抬高自己，也无须看低自己。生命中的缺憾并不值得羞愧，懂得接纳真实的自己，与缺憾和解，才是最重要的。生活赋予了我什么，便接受它，并且用力让自己生活得更好。

抱怨生命的缺憾，
得到的只能是哀怨

  不管是谁，在人生之中都难免留下缺憾。缺憾是人生的组成部分，就好像月有阴晴圆缺。所以，对于生命中的某些缺憾，根本不必大惊小怪。印度著名诗人泰戈尔有这样一句诗："如果你因为失去月亮而哭泣，那么你也将失去星星了。"缺憾有时候就像一个沼泽，你越是挣扎就越是深陷其中。

  那么，在遇到缺憾的时候，应该怎么办呢？当那些东西无法挽回的时候，你应该努力向前看。车轱辘向前转，人要向前看嘛！生命会因为豁达而越走越宽。

  摩西奶奶常常对周围的人说，一定要学会爱自己。她说，如果一个人连自己都不爱的话，那他是很难更好地爱他人的。你自己活得病恹恹的，自然无法在生活中强大起来，又如何去照顾别人呢？所以，爱自己是更好地爱别人的前提。

  摩西奶奶的小曾孙女天真可爱，她问摩西奶奶如何才算是爱自己。摩西奶奶摸着她的小脸，微笑着对她说："爱自己就要看清楚自己，尽量发挥自己的优势，对自己没办法做到的事情保持豁达，学会原谅自己，允许自己的生命存在缺憾。"

在生活中，摩西奶奶虽然也经常遇到一些不如意，但她能够微笑着面对一切。她尽量不让自己为任何事忧虑。更重要的是，她能够接纳真实的自己，与生命中的所有缺憾和解。摩西奶奶说她从小就知道自己会是一个普普通通的女孩，所以她不奢求做出什么伟大的事。她觉得在农场里慢慢长大，过简单的生活，就已经很美好了。

在成名之后，摩西奶奶曾被问及在农场度过一生是否有什么缺憾。对此，摩西奶奶的回答是，她热爱生活和这个世界，这与她生活在什么地方没什么关系。生命就是一种漫长的消耗过程，她在农场中度过一生，甚至在农场里走到生命的尽头，这就是她的人生方向。

毫无疑问，每个人的生命中都或多或少有些缺憾，但我们完全不必为此介怀。世界上没有什么是完美无缺的，一些缺憾并不会让你的生命暗淡。倒是那些整日纠结于这些缺憾的人，其人生或许会丧失许多美妙之处。正所谓，抱怨生命的缺憾，得到的只能是哀怨。

尽力接纳生活
所赋予的一切

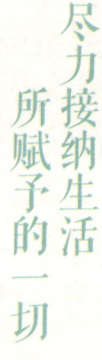

　　谁也没有生活的万能遥控器，谁也不可能把生活搞得事事顺心。生活就是这样，它会给你带来好的、美的，也会给你带来坏的、差的。遇到前者，你自然开心快活，来者不拒；遇到后者，估计大多数人都会垂头丧气，尽力躲避。

　　可是，有很多事落在你头上时，你是想躲也躲不开的。与其费力与它们周旋，不如门户一开，让它们通通进来。平心静气地接纳这些不如意，将它们对自己产生的负面影响降到最低。摩西奶奶总是说，不论选择了怎样的人生，只要尽力接纳生活所赋予自己的一切，让每一分每一秒都不留遗憾，就足够了。

　　毫无疑问，大多数人都不愿意接受那些不如意甚至不幸的东西，因为它们就好像是重重的累赘，会拖累我们的生活，破坏我们的美好心情。它们会无时无刻不消耗我们的精力，让我们身心疲惫。可是，你必须要学会接受，别无他法。

摩西奶奶在其百岁感言中说道："我的丈夫在我60岁时就离开了我，其他的老朋友也一个个离我而去。在我人生的这段时光里，许多次，我曾因失去而感到难过——失去了爱人，失去了珍贵的时间，失去了许许多多曾经拥有却未曾珍惜的东西。"

尽管无可奈何，但摩西奶奶还是接受了这一切。她很明白，不接受这些又能怎样呢？生命从不会因为一个人的不接受而重生，时光也不会因为一个人的拒绝而倒流。

从另一个角度来看，个人接纳不如意或不幸的能力往往可以反映出一个人承受苦难的胸怀。一个人越是能接纳生命中的苦痛，就越是胸襟宽广，越是内心强大。要记住，当生命之路在我们眼前铺开时，必然布有一些荆棘，如果你不能接纳这些荆棘，很可能也无法收获果实。

所以，尽力地去接纳生活所赋予的一切吧，无论好坏，都是值得拥有的馈赠。正如摩西奶奶所说："我想在很多人眼里，我只不过是一个啰唆、麻烦的老太太，我的生活简直不值一提，可是我却十分珍惜，非常满足，我万分感谢生活赋予我的每一分美好。"

生活不易，但你能让它变得美好

　　人们常常抱怨生活不易，甚至觉得生活之路简直就是"蜀道难，难于上青天"，以至于每走一步都觉得艰难。如果你的生活已经到了这个地步，那你真的应该做出一些改变了。你完全有能力让自己的生活变得美好，只要你敢，只要你做。

　　摩西奶奶常常对自己的孩子们说，生活是我们自己创造的，并且只能由我们自己创造，永远如此，不会改变。千万不要小看我们这双手，它能够帮助我们完成一切，甚至创造出一些小小的奇迹，改变我们的生活。

　　摩西奶奶的曾孙女很喜欢跳舞，经常在绿草如茵的草地上舞动。看着她娇嫩的身体稍显笨拙地舞动，摩西奶奶仿佛看到了一个青春少女在舞台上翩翩起舞。小曾孙女经常问她："我跳得好不好？"摩西奶奶虽然口头上说"跳得真好，跳得太好了"，可心里总有些隐隐的担忧。她担心小曾孙女在外界的各种诱惑和压力下放弃自己跳舞的梦想。

可是，想来想去，她发现自己的担忧压根儿是没用的，因为她无法左右孩子的人生。每个人的生活都是自己创造的，只有自己才能让自己的生活变得更加美好。

这个世界很多时候并不公平，有的人一出生便含着金汤匙，而有的人只能靠自己的努力赢得一切。幸亏上天赐给我们一双灵巧的手。生活的美好需要我们自己去创造，守株待兔只是在浪费光阴。如果你对当下的生活不满意，那就立刻着手去改造它。就像摩西奶奶，因关节炎不得不放弃刺绣，但凭着一支画笔，她重塑了自己的生活，过出了令人艳羡的精彩。

这个世界从来不缺乏敢于追求美好生活的人，也只有敢于创造美好生活的人才能享受美好生活。

《黑马》的细节图

做自己喜欢的事，永远没有太晚的开始

第八章

岁月静好，
无须烦恼

人在不同的人生阶段，总要去做不同的事，去承担不同的结果。这个世界的美好之处在于，无论世界如何变幻，你都能保持一份热情，在前行的过程中承受风风雨雨的历练，而不会感到疲惫。

你不喜欢的
每一天都不属于你

　　快乐是一天，不快乐是一天，为什么我们不天天快乐呢？
这话说起来容易，真正实践起来，确实有些难度。要实现"天
天快乐"，无疑要从"心"开始。事实上，生命的漫长与短暂、
精彩与平淡，都由我们的心来主宰。

　　摩西奶奶曾说，只要能够做着自己喜欢的事情，每天都带
着欢喜的心情生活，对她来说就是莫大的幸福。在此，她又提
及了春水上行的来信。她说，这个叫春水上行的日本年轻人在
信中诉苦说，他已经快30岁了，不知道该怎么选择，是选择稳
定的生活，还是选择去做自己喜欢的事情。

　　摩西奶奶从来不会为他人规划人生，但她还是很想帮助这
个苦恼的年轻人。她在回信中鼓励他好好生活，并告诉他做自
己喜欢的事情就对了，上帝也会乐意帮你打开成功之门，哪怕
你现在已经80多岁了。她希望那个年轻人能遵从内心的选择，
毕竟，一个人不喜欢的每一天都不会是他的。

　　对于生活，一定要发自内心地尊重和热爱。一个人要尊重自己的生活，要热爱周围的一切，不管是人还是物，都要去爱或微笑接纳，因为这些都是老天的馈赠，而且为你所独有。

　　摩西奶奶就热爱生活中的一切，比如农场里的草堆、地上的小水洼、栅栏旁边的小狗、鸡舍里的家禽……她将这些通通画到了画里，因为它们是那样令她高兴。或许，正是因为她带着欢乐与幸福作画，才使得这些画作有了幸福的感染力。

　　不管是白天还是黑夜，摩西奶奶都将欢乐放进一点一滴的微小事物中，她觉得每一天都棒极了，而且她也知道，明天会是更棒的一天。

《雷暴雨》的细节图

欲求越少，活着也就越简单、越快乐

　　人们常说"欲壑难填"，确实如此。内心想得到的东西，在现实生活中总是难以得到满足。所以，很多人生存着，总是拼命地追求内心的欲望。欲望太多了，当你实现了第一个欲望，第二个、第三个又会接踵而至，人生就会陷入疲惫的往复循环，永无尽头。

　　更糟糕的是，我们会被过多的欲望所绑架，忘记了什么是快乐，忘记了该如何快乐。或许我们能够获得的东西越来越多，可我们从中得到的快乐却越来越少。其实，如果你的欲求少一些，就能发现，生活中到处充斥着简单的快乐，比如与一帮傻傻的朋友小聚或静静地坐在沙发上听一听音乐。

　　摩西奶奶之所以如此长寿，除了她对绘画无比热爱之外，更与她的心态有关。彼时的她是一个很容易知足的人，心中早已卸下对世俗的欲念。简单的生活，让时光变得悠长。走到人生边缘，执念和欲望都渐渐放下，生命回归单纯。回忆里，好的坏的一并接纳，生命如流水，历经起伏波澜，终将归于静深澄明，唯愿岁月静好，内心从容。

相比于摩西奶奶，我们对这个世界的要求真的太多了，于是便容易忽略心底最简单、最纯真的期待与渴望。这时候，我们不妨换个角度去看待这个世界。当你真正专注于那些不起眼的美好事物时，会突然发现，心里的石头不见了，身心不再疲惫，心灵更加坚韧。

只有用心生活的人，才能发现生活中的美，才更容易获得快乐。将生活的标准降低一些，自己的心才更容易接近一些快乐的事，而不再每天眉头紧皱，烦恼缠身。不奢求太多的人，才能享受低头抬眉的美好，他们没有太多欲望的牵扯，专注于自己的事情，他们的眼睛里会闪烁出别样的光，成为一道赏心悦目的风景。

在人生的道路上，放下一些欲望，有的时候会走得更加顺遂一些。内心的欲求减少了，活着也就简单了。

热爱这个世界，就不会感到疲惫

　　现代人有一种通病，那就是"累"。如果工作繁重、压力很大，"累"倒是情有可原。可是，很多工作轻松的人照样会觉得疲惫。这究竟是为什么呢？疲惫其实是对生活感到无可奈何，对自己感到无能为力的失落和沮丧。

　　其实，疲惫是平凡生活中的一种常态，我们应该坦然面对。不过，我们绝对不要让疲惫夺去我们的大部分时光，因为疲惫的生活会让我们产生厌倦情绪，陷入枯燥乏味的生活沼泽。而要想从疲惫中抽离，让自己充满激情和斗志，就要热爱生活，对生活充满好奇和期待。

　　摩西奶奶的画作具有极强的幸福感染力，其透露出的是摩西奶奶对生活的热忱，对生命的无比热爱。从创作第一幅画作开始，到她在101岁完成最后一幅画作，摩西奶奶在其一生中创作了上千幅作品。如果不是对生活抱有极大的热忱，对世界充满热爱，又怎样精力充沛地创作出如此多的优秀画作？

　　摩西奶奶在农场的工作单调乏味，但她从来没有感到疲倦，因为她总能从一些不起眼的微小事物中获取乐趣，让自己感到满足。她心态是那么好，不会因过着平凡的生活而觉得自己卑微。她始终相信，命运赐予每个人的东西都是一样的，只要用心生活，总能从中发现乐趣。

　　绘画其实是一种相当烦琐的工作，摩西奶奶也承认绘画让她忙碌了很多，但它并不会让她感到疲惫。在她看来，身体的劳累也是如此让人喜悦，因为她喜欢做这件事。她总是说，这个世界的美妙之处，并不仅仅在于那些美丽的风景，而在于不论世界如何变化，你都抱有一颗热爱之心，在前行的路途上承载风雨的历练，而不会觉得疲惫。

　　热爱这个世界吧，这样你才真正活在这个世界上；热爱你的生活吧，这样你才能充满能量，持续前行！

《在马萨诸塞州的伯克希尔山上》的细节图

做自己喜欢的事，永远没有太晚的开始

第九章 摩西奶奶 作品展示

摩西奶奶的画作充满了朴实、温善与乐观，流淌着质朴的人生智慧，大多描绘农场的景色以及她所看到的乡村生活，让人感到温暖、自在和惬意。

《壁炉遮板》摩西奶奶58岁
创作，1918年，木板油画
（82cm×98.4cm）

《在马萨诸塞州的伯克希尔山上》摩西奶奶78岁创作，1938年前，彩色石印画（55.9cm×91.4cm）

《伯克希尔的秋天》摩西奶奶
78岁之前创作，1938年前，帆
布油画（20.3cm×36.2cm）

《雪伦多亚河谷，1861（战
争新闻）》摩西奶奶约78岁
创作，约1938年，油布油画
（52cm×41.3cm）

《雪伦多亚河谷，南部分
支》摩西奶奶约78岁创
作，约1938年，油布油画
（50.2cm×35.5cm）

《燃烧的特洛伊》摩西奶奶约
79岁创作，约1939年，纸板油
画（22.8cm×28.5cm）

《第一辆汽车》摩西奶奶约79
岁创作，1939年或更早，纸板
油画（24.8cm×29.2cm）

《1818年有屋顶的大桥》摩西奶
奶约80岁创作，1940年或更早，
纺织物刺绣（19cm×24.1cm）

《尼泊山》摩西奶奶约80岁创
作，1940年或更早，纺织物刺
绣（25.4cm×35.5cm），右下角
署名：MOSES

《家中的后院》摩西奶奶约80
岁创作，1940年或更早，纸板
油画（30.5cm×42cm）左下角
署名：MOSES

《林中的火》摩西奶奶约80岁创作，1940年或更早，纸板油画（26cm×38cm）

《浑浊起伏的密苏里河》
摩西奶奶约80岁创作，
1940年或更早，纸板油画
（30.5cm×40.7cm），背面题
诗，右下角署名：MOSES

《我先父的纺织厂》摩西奶奶约80
岁创作，1940年或更早，木板油
画（35.7cm×30.5cm），右下角署
名：MOSES

《我先父的纺织厂》
细节图

做自己喜欢的事，永远没有太晚的开始

《抓火鸡》摩西奶奶80岁
创作，1940年，木板油画
（30.5cm×40.7cm）

做自己喜欢的事，永远没有太晚的开始

《剑桥河谷》摩西奶奶82岁
创作，1942年，木板油画
（59.6cm×68.9cm）

《黑马》摩西奶奶82岁创
作，1942年，木板油画
（50.8cm×60.9cm）左下角署
名：MOSES

《1860年的老方格纹房子》摩
西奶奶82岁创作，1942年，木
板油画（40.7cm×50.8cm），右
下角署名：MOSES

做自己喜欢的事，永远没有太晚的开始

108

《1862年燃烧的特洛伊》摩西
奶奶83岁创作，1943年，木板
油画（47.7cm×75.8cm）

《熬糖节》摩西奶奶83岁
创作，1943年，木板油画
（58.3cm×68.5cm），右下角署
名：MOSES

做自己喜欢的事，永远没有太晚的开始

《尼泊山的夏天》摩西奶奶83
岁创作，1943年，木板油画
（50.8cm×66cm），右下角署
名：MOSES

《尼泊山的冬天》摩西奶奶83
岁创作，1943年，木板油画
（52cm×67.3cm），右下角署
名：MOSES

《12月》摩西奶奶83岁创作，1943年，木板油画（47cm×55.2cm）。下方中间署名：MOSES

《老汽车》摩西奶奶84岁
创作，1944年，木板油画
（47.7cm×54.7cm），右下角
署名：MOSES

做自己喜欢的事，永远没有太晚的开始

《1760年冬天的老橡木桶》摩西奶奶84岁创作，1944年，木板油画（61cm×86.4cm）。右下角署名：MOSES

《老方格纹房子》摩西奶奶84
岁创作，1944年，木板油画
（60.7cm×109.4cm）

《胡希克瀑布2》摩西奶奶84
岁创作，1944年，木板油画
（51.0cm×65.7cm）。右下角
署名：MOSES

《胡希克瀑布的冬天》摩西奶奶84岁创作，1944年，木板油画（50.7cm×60.3cm），下方中间署名：MOSES

做自己喜欢的事，永远没有太晚的开始

《5月：制肥皂，为绵羊洗澡》
摩西奶奶85岁创作，1945年，
木板油画（43.8cm×61.6cm）

《割干草》摩西奶奶85岁创作，1945年，木板油画（60.9cm×76.2cm）。左下角署名：MOSES

《丰收的季节》摩西奶奶85
岁创作，1945年，木板油画
（45.7cm×71.1cm）。左下角
署名：MOSES

《我的家乡》摩西奶奶85岁
创作，1945年，木板油画
（40.7cm×50.8cm）

《怀特塞德教堂》摩西奶奶85
岁创作，1945年，木板油画
（24.8cm×43.2cm）。下方中
间署名：MOSES

《农场的早春》摩西奶奶85
岁创作，1945年，木板油画
（40.7cm×65.4cm）

《乘雪橇去祖母家》摩西奶奶
85岁创作，1945年，木板油画
（30.5cm×50.8cm）。左下角署
名：MOSES

做自己喜欢的事，永远没有太晚的开始

142

《窗外的胡希克谷》摩西奶奶
86岁创作，1946年，木板油画
（49.6cm×55.9cm）

做自己喜欢的事，永远没有太晚的开始

《外出看圣诞树》摩西奶奶86
岁创作，1946年，木板油画
（60.1cm×91.5cm）

《制作苹果酱》摩西奶奶87
岁创作，1947年，木板油画
（48.9cm×59.1cm）。右下角
署名：MOSES

《夜晚的春天》摩西奶奶约87
岁创作，约1947年，木板油画
（68.6cm×53.3cm）。左下角署
名：MOSES

《夜晚的春天》
细节图

做自己喜欢的事，永远没有太晚的开始

《一年的秋天》摩西奶奶87
岁创作，1947年，木板油画
（49.7cm×55.3cm）。左下角署
名：MOSES

《威灵斯顿的夏天》摩西奶奶
88岁创作，1948年，木板油画
（40cm×50.8cm）。左下角署
名：MOSES

做自己喜欢的事，永远没有太晚的开始

《雷暴雨》摩西奶奶88岁创作，1948年，木板油画（52.7cm×62.8cm）。右下角署名：MOSES

《犁地的男孩》摩西奶奶90
岁创作，1950年，纸板油画
（30.5cm×40.7cm）。右下角署
名：MOSES

《1800年的制蜡日》摩西奶奶
90岁创作，1950年，木板油画
（22.9cm×23.5cm）。右下角署
名：MOSES

做自己喜欢的事，永远没有太晚的开始

《在路上》摩西奶奶90岁
创作，1950年，木板油画
（48.3cm×60.9cm）。右下角署
名：MOSES

《大家缝活动》摩西奶奶90岁创作，1950年，木板油画（50.8cm×60.9cm）。右下角署名：MOSES

《洗衣》摩西奶奶91岁创
作，1951年，木板油画
（43.18cm×55.2cm）。右下角
署名：MOSES

《谷仓屋顶》摩西奶奶91岁
创作，1951年，木板油画
（45.6cm×61cm）。右下角署
名：MOSES

《农场搬家日》摩西奶奶91
岁创作，1951年，木板油画
（43.2cm×55.9cm）。下方中间
署名：MOSES

《结霜的日子》摩西奶奶91
岁创作，1951年，木板油画
（45.7cm×60.9cm）。右下角署
名：MOSES

《下雪了，下雪了！》摩西奶奶91岁创作，1951年，木板油画（60.9cm×76.2cm）。左下角署名：MOSES

做自己喜欢的事，永远没有太晚的开始

174

《我们在休息》摩西奶奶91
岁创作，1951年，木板油画
（60.9cm×76.2cm）

做自己喜欢的事，永远没有太晚的开始

176

《家庭野餐》摩西奶奶91岁
创作，1951年，木板油画
（42.5cm×55.8cm）。左下角署
名：MOSES

做自己喜欢的事，永远没有太晚的开始

《冬天的老橡木桶》摩西奶奶
92岁创作，1952年，木板油画
（45.7cm×60.9cm）。右下角署
名：MOSES

《胡希克河的夏天》摩西奶奶
92岁创作，1952年，木板油画
（45.7cm×60.9cm）。右下角署
名：MOSES

《胡希克河的冬天》摩西奶奶
92岁创作，1952年，木板油画
（45.7cm×60.9cm）。右下角署
名：MOSES

《福勒斯特·摩西的家》摩西
奶奶92岁创作，1952年，木板
油画（30.3cm×40.7cm）。右下
角署名：MOSES

做自己喜欢的事，永远没有太晚的开始

《阴天》摩西奶奶92岁创
作，1952年，木板油画
（45.7cm×60.9cm）

《本宁顿战争》摩西奶奶93
岁创作，1953年，木板油画
（45.7cm×77.6cm）。右下角
署名：MOSES

做自己喜欢的事，永远没有太晚的开始

《欢乐的雪橇》摩西奶奶93
岁创作，1953年，木板油画
（45.7cm×60.9cm）。右下角署
名：MOSES

做自己喜欢的事，永远没有太晚的开始

《熬糖》摩西奶奶95岁创作，1955年，木板油画（45.7cm×60.9cm）。右下角署名：MOSES

做自己喜欢的事，永远没有太晚的开始

《烤面包》摩西奶奶95岁
创作，1955年，木板油画
（30.5cm×40.7cm）

《万圣节》摩西奶奶95岁
创作，1955年，木板油画
（45.7cm×60.9cm）。右下角署
名：MOSES

《风暴》摩西奶奶96岁创
作，1956年，木板油画
（40.7cm×60.9cm）。右下角署
名：MOSES

《伐木》摩西奶奶97岁创
作，1957年，木板油画
（40.3cm×60.9cm）。左下角署
名：MOSES

做自己喜欢的事，永远没有太晚的开始

202

《乘雪橇》摩西奶奶97岁
创作，1957年，木板油画
（40.7cm×60.9cm）。右下角署
名：MOSES

做自己喜欢的事，永远没有太晚的开始

204

《气球》摩西奶奶97岁创
作，1957年，木板油画
（40cm×60.9cm）。右下角署
名：MOSES

《旧时光》摩西奶奶97岁
创作，1957年，木板油画
（40.7cm×60.9cm）。左下角署
名：MOSES

《湖》摩西奶奶97岁创
作，1957年，木板油画
（39.7cm×59.5cm）。左下角署
名：MOSES

《暴风雪》摩西奶奶98岁
创作，1958年，木板油画
（40.7cm×61cm）。右下角署
名：MOSES

做自己喜欢的事，永远没有太晚的开始

《火鸡》摩西奶奶98岁创
作，1958年，木板油画
（40.7cm×60.9cm）。右下角署
名：MOSES

做自己喜欢的事，永远没有太晚的开始

《圣诞节》摩西奶奶98岁
创作，1958年，木板油画
（40.9cm×51.1cm）。右下角
署名：MOSES

《南瓜》摩西奶奶99岁创
作，1959年，木板油画
（40.7cm×60.9cm）。右下角署
名：MOSES

《到访者》摩西奶奶99岁
创作，1959年，木板油画
（40.7cm×60.9cm）。右下角署
名：MOSES

《鹰桥旅店》摩西奶奶99岁
创作，1959年，木板油画
（40.7cm×60.9cm）。右下角署
名：MOSES

《奶奶的出生地》摩西奶奶99
岁创作，1959年，木板油画
（30.5cm×40.7cm）。右下角署
名：MOSES

做自己喜欢的事，永远没有太晚的开始

《装马蹄铁》摩西奶奶100岁创作，1960年，木板油画（40.7cm×60.9cm）。左下角署名：MOSES

《圣诞老人穿过烟囱下来》摩
西奶奶100岁创作，1960年，木
板油画（40.7cm×60.3cm）。右
下角署名：MOSES

《等圣诞老人》摩西奶奶100
岁创作，1960年，木板油画
（30.5cm×40.7cm）。左下角署
名：MOSES

《老橡木桶》摩西奶奶100
岁创作，1960年，木板油画
（40.4cm×60.9cm）。右下角署
名：MOSES

做自己喜欢的事，永远没有太晚的开始

《女巫》摩西奶奶100岁
创作，1960年，木板油画
（40.7cm×60.9cm）。右下角署
名：MOSES

做自己喜欢的事，永远没有太晚的开始

《绿雪橇》摩西奶奶100岁
创作，1960年，木板油画
（40.7cm×60.9cm）。右下角署
名：MOSES

做自己喜欢的事，永远没有太晚的开始

《乘雪橇》摩西奶奶100岁
创作，1960年，木板油画
（40.7cm×60.9cm）。右下角署
名：MOSES

做自己喜欢的事，永远没有太晚的开始

《滑冰真好玩！》摩西奶奶100
岁创作，1960年，木板油画
（40.7cm×60.9cm）。左下角署
名：MOSES

《拍卖日》摩西奶奶101岁
创作，1961年，木板油画
（40.7cm×60.9cm）

《佛蒙特州糖》摩西奶奶101
岁创作，1961年，木板油画
（40.7cm×60.9cm）。右下角署
名：MOSES

《白桦林》摩西奶奶101岁
创作，1961年，木板油画
（40.7cm×60.9cm）

《彩虹》摩西奶奶101岁
创作，1961年，木板油画
（40.7cm×60.9cm）